中国石油岗位员工安全手册

油库员工安全手册

(装卸油工、计量工、化验工、司泵工)

中国石油天然气集团公司安全环保部 编

石油工业出版社

图书在版编目 (CIP) 数据

油库员工安全手册：装卸油工、计量工、化验工、司泵工 / 中国石油天然气集团公司安全环保部编 .—北京：石油工业出版社，2007.11

（中国石油岗位员工安全手册）

ISBN 978-7-5021-6338-9

Ⅰ.油…
Ⅱ.中…
Ⅲ.油库 – 安全技术 – 手册
Ⅳ.TE972-62

中国版本图书馆 CIP 数据核字（2007）第 175350 号

出版发行：石油工业出版社
　　　　　（北京安定门外安华里 2 区 1 号　100011）
　　网　　址：www.petropub.com.cn
　　编辑部：（010）64523582　发行部：（010）64523620
经　销：全国新华书店
印　刷：石油工业出版社印刷厂

2008 年 1 月第 1 版　2010 年 9 月第 4 次印刷
850×1168 毫米　开本：1/32　印张：3.875
字数：70 千字

定价：10.00 元
（如出现印装质量问题，我社发行部负责调换）
版权所有，翻印必究

前言

安全事关广大员工的幸福和安康，事关公司的价值和在公众中的形象，希望每一名员工都能够重视安全、实现安全。

公司鼓励员工养成良好的作业习惯。公司有责任为员工提供安全的工作环境，员工应严格遵守安全规定。

公司鼓励员工对安全工作提出建议和批评。员工有权拒绝执行可能危及安全的违章指挥，停止任何不安全的作业。任何人出于对安全考虑的原因而停止了工作或提出建议，都应该得到表扬、鼓励和奖励。

公司鼓励员工汇报事故隐患并从事故中吸取经验教训。所有员工发现险情事件、不安全的行为和状况都应汇报；所有险情事件、不安全的行为和状况都应调查分析，并从中共享经验教训，这对改进安全来讲是非常重要的。

为进一步规范岗位员工安全培训，夯实安

全生产基础,中国石油天然气集团公司安全环保部组织分岗位编写了《中国石油岗位员工安全手册》系列培训教材,手册以安全为主线,以风险识别和控制为依据,以案例分析为警示,紧密结合岗位员工的现实需要,旨在有效指导一线岗位员工的工作和学习。本系列培训教材为岗位员工提供了应该了解的基本安全信息,每一位员工都应该认真学习、熟知这些信息,并应用到工作中去。

本书是为油库装卸油工、计量工、化验工、司泵工等工种编写的安全手册,主要内容包括:基本安全要求、操作安全要求、事故报告、突发事件处理程序、应急设备、常见"三违"行为和典型事故案例等。中国石油华北销售公司承担了本手册的编写任务,主要由王克信、主志宇、叶军平、孙武才、吕尚文、宋联锋执笔,相关专家做了审定和修改工作,本手册在编写过程中得到了中国石油黑龙江销售公司的大力协助。在此表示衷心感谢!

编　者
2007年11月1日

承 诺

本人已经认真阅读了本手册,了解其中的内容,在此,我保证在任何时候都将履行自己的安全责任,并为创造安全的作业环境和为顾客提供满意的服务贡献力量。

我会:

正确使用劳动防护用品;

按正确的程序进行作业;

用合适的工具进行正确操作;

保持工作场所干净、整洁、没有障碍物;

制止任何见到的不安全行为;

向有关领导报告所有的事故和未遂事故;

遵守并提醒他人执行现场 HSE 标识和指令。

签名:_____

目　录

第一章　基本安全要求 …………………… 1

第二章　操作安全要求 …………………… 11

第三章　事故报告 ………………………… 54

第四章　突发事件处理程序 ……………… 55

附录一　应急设备 ………………………… 64

附录二　常见"三违"行为 ………………… 69

附录三　典型事故案例 …………………… 80

第一章 基本安全要求

一、员工安全要求

● **基本安全要求**

1.经过安全培训,合格后,持证上岗。

2.正确穿戴、使用劳动防护用品;禁止佩戴首饰品作业。

3.严禁携带火种、非防爆通信工具和其他易燃易爆物品进入作业场所。

4.禁止违章操作,拒绝违章指挥,对他人违章作业有义务劝阻和制止。

5.上班前和工作中禁止饮酒和使用任何影响精神状态的药品。

6.熟悉应急预案，正确使用应急设备。

7.参加岗位练兵、安全培训及其他各种安全活动。

8.作业中按规定进行岗位自查。

9.遵守劳动纪律，禁止脱岗、睡岗、串岗等。

10.发现事故苗头，正确处置，及时报告。

● **装卸油工**

1.禁止给未熄火或未可靠接地的车辆装卸油。

2.禁止给排气管阻火装置失效的车辆装卸油。

3.禁止喷溅式灌装轻质油品。

4.禁止以超过规定的初速度和最高流速装卸油。

5.禁止使用无导静电线的胶管或导静电线导通不良的胶管装卸油。

6.禁止为渗漏油槽车装卸油。

7.禁止用油槽车自带泵向油罐直接装卸油。

8.禁止在车辆进出的区域堆放物品。

9.禁止碰撞或敲击装卸油设备。

10.禁止在油槽车溜放措施不到位的情况下进行油品装卸作业。

11.禁止在栈桥、专用线上堆放物品。

12.禁止在装卸油区域周围有明散火花作业时进行油品装卸作业。

● **计量工**

1.禁止在油罐、油槽车输转中进行计量作业。

2.禁止站在下风口进行计量作业。

3.禁止未达到稳油时间进行计量作业。

4.禁止开关量油孔盖用力过猛。

5.禁止作业中量油尺、采样器超过规定提放速度。

6.禁止将油品从量油孔倒入立式油罐。

7.禁止将计量用棉纱等可燃易燃物遗留在油罐、油槽车上。

● **化验工**

1. 禁止在油罐、油槽车输转中采取油样。

2. 禁止站在下风口采取油样。

3. 禁止未达到稳油时间采取油样。

4. 禁止开关量油孔盖用力过猛。

5. 禁止作业中采样器超过规定提放速度。

6. 禁止将油品从量油孔倒入立式油罐。

7. 禁止将棉纱等可燃易燃物遗留在油罐、油槽车上。

8. 禁止将沾有油污的仪器放入烘箱。

9. 禁止在室内随意堆放和乱倒化验试剂、油样等。

10. 禁止在通风橱外从事有毒、易挥发和冒烟的试验。

● **司泵工**

1. 禁止不盘车启泵作业。

2. 禁止在设备技术状况有缺陷时作业。

3. 禁止在设备运转中擦拭设备。

4. 禁止在工艺设备出现渗漏时继续作业。

5.禁止与卸油工、计量工信息联络不畅时作业。

6.禁止交接班不清时上岗、离岗。

7.禁止在泵房内跑动、嬉闹。

8.禁止长发未盘在工作帽内作业。

9.禁止将工具和物品放在机泵上。

10.禁止在可燃气体浓度测试仪报警的情况下继续作业。

二、作业现场安全要求

1.禁止用非防爆工具作业。

2.禁止未消除人体静电进入爆炸危险区域。

3. 禁止不系安全带、不戴安全帽进行高空作业。

4. 禁止在作业现场检修车辆。

5. 禁止随意移动消防器材。

6. 禁止用铁器、塑料等器皿回收油品。

7. 禁止用汽油擦洗衣服和设备。

8. 禁止在爆炸危险场所使用化纤拖把和抹布。

9. 禁止在暴风雷雨天气进行油品装卸、输转及计量作业。

10. 禁止无关车辆及人员进入作业现场。

11. 禁止在爆炸危险区域穿、脱、拍、打衣服和梳理头发。

12. 禁止占用消防通道。

13. 禁止非岗位人员操作设备。

14. 禁止车辆超速出入装卸油场地。

15. 禁止在未通风的环境下进行油品化验作业。

三、设备、设施安全要求

● 基本安全要求

1. 防雷防静电、电气保护、安全防护装置完好有效。

2.爆炸危险区域电气设备符合防爆要求。

3.设备、设施密封良好，无腐蚀、无渗漏。

● **装卸油设备**

1.鹤管转动、升降灵活。

2.法兰导静电线跨接完好有效。

3.流量计转动灵活、平稳，无异常杂音。

4.防溢油装置完好有效。

5.栈桥（站台）护栏、踏梯、过桥完整牢固，无铁器碰撞。

6.阀门开关灵活，无闸板脱落现象。

7.过滤器定期清洗，无渗漏，无杂物。

● **油罐**

1.基础无开裂或不正常下沉。

2.液位计量装置完好。

3.盘梯、护栏、平台完整牢固，无油污、冰雪等。

4.呼吸阀、安全阀等工作正常。

5.罐体及附件无跑冒滴漏现象，无严重锈蚀，无明显变形。

6.浮顶罐浮盘升降灵活。

7.量油孔密封垫、导尺槽、锁闭装置、法兰跨接完好无损。

8.储存油品禁止超过高、低安全液位。

9.胀油管开关正确,标志明显。

10.防火堤完好,无孔洞;排水设施畅通完好;水封井、排污管线等控制阀门平时处于关闭状态。

● **油槽车(船)**

1.罐体无变形,无渗漏。

2.人孔完好,螺栓齐全。

3.安全阀外观良好,工作正常。

4.踏梯、走板、护栏等完好牢固。

5.制动装置完好有效。

6.汽车排气管、阻火装置完好有效。

7.阀门开关灵活,无渗漏。

● **计量(化验)器具**

1.量油尺(测深钢卷尺)尺带边缘无锋口、倒刺;尺架、手柄安装牢固,尺带和尺砣连接无松动。

2.温度计(全浸式水银温度计)不得有裂痕和影响强度的缺陷。

3.密度计无裂痕;标尺纸条牢固地贴于管内壁;金属弹丸不得有明显移动。

4.采样器、保温盒无渗漏;绳索采用专用计量绳,并与采样器、保温盒连接牢固。

5.化验仪器符合国家相关标准要求,定期检定;堆放上轻下重,分类配套,标记清楚,取用方便。

● **机泵**

1.泵与电动机联轴器无错位,防护罩完好。

2.泵壳体完好,无裂纹,无渗漏。

3. 泵轴润滑油（脂）无变质。

4. 压力表、真空表齐全，指示准确，定期校验。

5. 泵、电动机接地线无折断，无锈蚀，无松动。

6. 电动机电缆进线口密封可靠，防爆挠管连接无松动、无断裂。

第二章 操作安全要求

一、装卸油作业

● 火车装油作业

（一）油槽车对位

1.操作要点：

对准货位，确认防溜装置安放到位。

2.主要风险：

（1）未对准货位造成鹤管插不进去，造成无法装油。

（2）防溜装置未安放好，油槽车溜放造成翻车事故。

（二）准备

1.操作要点：

释放人体静电；轻放、稳固踏梯；清除油槽车顶部湿滑物，检查罐体完好，用防爆工具开启罐盖，确认油槽车内无余油、水、杂物；缓慢移动鹤管，垂直插至油槽车底部，关闭鹤管排气阀；复核罐区、栈桥、泵房工艺流程。

2.主要风险:

(1)未释放人体静电,静电放电引发火灾。

(2)活动踏梯与油槽车碰撞引发火灾。

(3)罐体湿滑、踏梯未放稳,护栏、踏板缺陷,造成滑倒、高空坠落。

(4)开盖扳手不防爆引发火灾。

(5)罐内存有余油、水、杂物,引发静电火灾。

(6)鹤管倾斜插入造成卡管,喷溅式装油产生静电放电引发火灾。

(7)鹤管排气阀未关闭,装油时造成跑油。

(8)流程开错造成错装、管线憋压、混油或其他油罐冒油等。

(三)装油

1.操作要点:

开启鹤管阀门,油泵启动后,监控油槽车、油罐液面并及时切换;对设备进行巡检,发现泄漏停止作业;装完油的鹤管打开排气阀,排除余油并复位。

2.主要风险:

(1)鹤管阀门未开启,启动油泵造成设备事故。

（2）油槽车监控不到位造成冒油。

（3）发油罐切换不及时造成抽瘪。

（4）鹤管、阀门等泄漏造成跑油。

（5）鹤管余油未排净，油品滴洒污染环境。

（6）鹤管未复位，铁路调车时拉断鹤管。

（四）装油结束

1.操作要点：

通知司泵工停泵；进行油品计量后盖好油槽车罐盖并紧固螺栓；复位活动踏梯。

2.主要风险：

（1）未通知司泵工停泵，造成管线憋压。

（2）油品计量前稳油时间不足引发静电火灾。

（3）油槽车罐盖不紧固引发火灾。

（4）活动踏梯未复位，油槽车移动时刮、碰，造成油槽车、踏梯等损坏。

● **汽车装油作业**

（一）油槽车对位

1.操作要点：

引导车辆对位；复核提油单与货位、车辆相符；检查汽车导静电拖地带、排气管阻火装置完好有效。

2.主要风险：

（1）油槽车与发油设备碰撞造成车辆与设备损坏。

（2）提油单与货位不符，造成错装。

（3）提油数量大于油槽车容量造成冒油。

（4）导静电拖地带未触地或断裂，积聚静电引发火灾。

（5）汽车排气管阻火装置失效，引发火灾。

（二）准备

1.操作要点：

确认车辆熄火、手刹已制动及卸油阀关闭；放置挡车牌；可靠连接导静电线；释放人体静电；轻放、稳固踏梯，清除槽车顶部湿滑物，轻开罐盖；确认罐内无余油、水、杂物；鹤管垂直插入罐底并放置、锁定溢油探头，关闭鹤管排气阀。

2.主要风险：

（1）车辆未熄火装油，引发火灾；手闸未制动，车辆移动造成设备损坏。

（2）卸油阀未关闭，造成跑油事故。

（3）未放置挡车牌，车辆装完油后未经许可启动，拉断鹤管或造成高空坠落。

（4）导静电夹未可靠连接或连接点距油槽车装卸油口小于1.5米，连接点放电引发火灾。

(5)未释放人体静电引发火灾。

(6)活动踏梯与油槽车碰撞产生火花遇油气引发火灾。

(7)罐体湿滑、踏梯未放稳,造成滑倒、高空坠落。

(8)罐内存有余油、水、杂物,造成冒油或引发静电火灾。

(9)鹤管倾斜插入造成卡管;未插入罐底,产生静电放电引发火灾。

(10)溢油装置失灵或溢油探头放置位置不对,造成冒油。

(11)鹤管排气阀未关闭,装油时造成跑油。

(三)装油

1)自动装油

1.操作要点:

检查鹤管阀门开启;输入油品数量,按"发油"按钮;装油过程确认油槽车驾驶员在现场;检查流量计、阀门、发油泵等设备运行正常。

2.主要风险：

（1）鹤管阀门未开启，装油造成管线憋压。

（2）数量输入错误，造成少装或冒油。

（3）司机不在现场，发生突发事件时不能及时处理。

（4）流量计、管线法兰连接、阀门、发油泵等运行异常造成设备损坏或跑油渗漏。

2）手动装油

1.操作要点：

检查电液阀处于开启状态；记录流量计起止数；开启鹤管阀门；将发油泵控制按钮调至手动位置；按下发油泵"启动"按钮，开始时，油品初流速控制为1.0米/秒；油品浸没鹤管后，油品流速控制小于4.5米/秒；到油槽车容积2/3时，减缓流速，防止冒油。

2.主要风险：

（1）电液阀处于自关闭状态，装油时不能开启，造成管线憋压。

（2）鹤管阀门未开启，装油造成管线憋压。

（3）未记录流量计起止数，装油数量不清，造成少装、超装或冒油。

（4）装油流速超过规定值产生静电放电,引发火灾。

（5）装油结束前速度过快,造成溢油。

（四）装油结束

1.操作要点：

确认发油泵停止；关闭鹤管球阀；打开鹤管排气阀,排除余油；确认油槽车油品静止不少于2分钟；取出鹤管并复位；核对发油数量；紧固油槽车罐盖；复位活动踏梯、导静电夹、挡车牌;提醒司机缓速驶出。

2.主要风险：

（1）发油泵未停止,造成憋压。

（2）未关闭鹤管球阀,在电液阀关闭不严时造成跑油。

（3）鹤管余油未排净,油品滴洒污染环境。

（4）油品静止时间不够,静电放电引发火灾。

（5）鹤管未复位造成油槽车拉断鹤管。

（6）未核对发油数量,造成多装或少装。

（7）油槽车罐盖未紧固,汽车行驶时造成油品外泄，引发火灾。

（8）活动踏梯、导静电夹、挡车牌未复位造成车体与踏梯损坏、拉断消静电装置。

● **趸船装油作业**

（一）油船系泊

1.操作要点：

联系、指挥油船；对准卸油位置；确认系泊牢靠、安全；穿救生衣。

2.主要风险：

（1）无人指挥，油船系泊发生刮、碰，造成设备损坏和油品泄漏。

（2）未对准卸油位置，输油软管无法连接，造成无法卸油。

（3）油船未系泊牢靠，发生漂移，造成设备损坏。

（4）未穿救生衣，接船人员失足溺水。

（二）准备

1.操作要点：

释放人体静电，连接静电线；轻放、稳固踏梯；

船岸安全检查、供受油作业安全检查；成品油运输船舶验舱检查，确认舱内无余油、水或杂物；使用防爆工具连接输油软管；开通并复核趸船、岸上工艺流程；与罐区计量员联系确认罐区工艺流程开通；核对流量表起数。

2.主要风险：

（1）未释放人体静电，静电放电引发火灾。

（2）活动踏梯与油船碰撞引发火灾。

（3）使用不防爆工具连接输油软管引发火灾。

（4）开错流程造成混油、管线憋压，或其他油罐冒油等。

（三）装油

1.操作要点：

开通装油闸阀执行装油作业；作业过程中巡检沿途管线、设备，发现问题，立即停止作业。

2.主要风险：

（1）管线、闸阀等泄漏造成跑油。

（2）趸船振动，输油软管接头或软管发生磨损、破裂，造成油品渗漏或泄漏。

（3）作业过程中，随着油船载重增加，船体下降，未及时松解钢丝绳，造成钢丝绳拉断、设备损坏。

（4）汛期作业过程中，水位变化大，淹没管线接头或拉裂软管。

（四）装油结束

1.操作要点：

核对流量表止数，通知罐区计量员装油作业完毕；计量员进行装油后计量；回收管线中的油品；检查各舱并施铅封；拆卸输油软管，复位活动踏梯；关闭相关工艺流程。

2.主要风险：

（1）未通知罐区计量员，罐区相关工艺流程未关闭，造成跑油或混油。

（2）未复位活动踏梯，油舱移动时刮、碰，造成油船、踏梯等损坏。

（3）未回收管线中的油品，发生憋压或跑油。

（4）未关闭相关工艺流程，发生混油或跑油。

● **火车卸油作业**

（一）油槽车对位

1.操作要点：

对准货位，确认防溜装置安放到位。

2.主要风险：

（1）未对准货位造成鹤管插不进去，无法接卸火车。

（2）防溜装置未安放好，油槽车溜放造成翻车或跑油。

（二）准备

1.操作要点：

释放人体静电；轻放、稳固踏梯；清除油槽车顶部湿滑物，检查罐体完好，用防爆工具轻缓开启罐盖；进行油槽车、收油罐计量，核定收油罐空容量；缓慢移动鹤管，插至油槽车底部，关闭鹤管排气阀；复核罐区、栈桥、泵房工艺流程。

2.主要风险：

（1）未释放人体静电，静电放电引发火灾。

（2）活动踏梯与油槽车碰撞引发火灾。

（3）罐体湿滑、踏梯未放稳，护栏、踏板缺陷，造成滑倒、高空坠落。

（4）开盖扳手不防爆引发火灾；开启罐盖油气挥发引发中毒。

（5）收油罐空容量核定错误造成冒油。

（6）鹤管排气阀未关闭，造成跑油或无法接卸油品。

（7）开错流程造成管线憋压、混油或其他油罐冒油。

（三）卸油

1.操作要点：

开启鹤管阀门，油泵启动后，监控油槽车、油罐液面并及时切换；对设备进行巡检，发现泄漏停止作业；卸完油的鹤管打开排气阀，控净存油并复位；连接扫舱软管进行扫舱。

2.主要风险：

（1）油槽车抽空，引发油泵损坏。

（2）收油罐切换不及时造成冒油。

（3）鹤管、阀门等泄漏造成跑油。

（4）鹤管油未控净，鹤管提出后造成污染。

（5）鹤管未复位，铁路调车时拉断鹤管。

（6）扫舱软管未进行导静电线跨接，静电积聚放电引发火灾。

（四）卸油结束

1.操作要点：

通知司泵工停泵；盖好油槽车罐盖并紧固螺栓；复位活动踏梯。

2.主要风险：

（1）未通知司泵工停泵，油泵空转造成损坏。

（2）油槽车罐盖未紧固引发火灾。

（3）活动踏梯未复位，油槽车移动时刮、碰，造成油槽车、踏梯等损坏。

● 汽车卸油作业

（一）油槽车对位

1.操作要点：

引导车辆对位；复核装油随车运单与货位、车辆相符；检查汽车导静电拖地带、排气管阻火装置完好有效。

2.主要风险：

（1）油槽车与卸油设备碰撞造成车辆与设备损坏。

（2）装油随车运单与货位不符，造成错卸。

（3）提油数量大于油槽车容量造成冒油。

（4）导静电拖地带未触地或断裂，积聚静电引发火灾。

（5）汽车排气管阻火装置失效，引发火灾。

（二）准备

1.操作要点：

确认车辆熄火，手刹已制动；可靠连接导静电线；释放人体静电；清除油槽车顶部湿滑物，轻开罐盖;进行油槽车、收油罐计量，核定收油罐空容量;连接卸油软管，复核卸油工艺流程。

2.主要风险：

（1）车辆未熄火卸油，引发火灾；手刹未制动，车辆移动造成设备损坏。

（2）导静电夹未可靠连接或连接点距油槽车装卸油口小于1.5米，连接点放电引发火灾。

（3）未释放人体静电引发火灾。

（4）罐体湿滑，造成滑倒、高空坠落。

（5）开启罐盖油气挥发引发中毒。

（6）收油罐空容量核定错误造成冒油。

（7）卸油软管未进行跨接引发火灾，连接不严造成跑油。

（8）流程开错造成管线憋压、混油或其他油罐冒油。

（三）卸油

1.操作要点：

开启卸油阀门，启动油泵，监控油槽车、油罐液面；装油过程确认油槽车驾驶员在现场；对卸油设备进行巡检，发现泄漏停止作业。

2.主要风险：

（1）油槽车抽空，引发油泵损坏。

（2）收油罐切换不及时造成冒油。

（3）司机不在现场，发生突发事件时不能及时处理。

（4）管线连接处、阀门等泄漏造成跑油。

（四）卸油结束

1.操作要点：

通知司泵工停泵；关闭油槽车卸油阀门，排除卸油软管余油；盖好并紧固油槽车罐盖；复位卸油软管、导静电夹；提醒司机缓速驶出。

2.主要风险：

（1）未通知司泵工停泵，油泵空转造成损坏。

（2）未关闭油槽车卸油阀门，未排除卸油软管余油造成油品泄漏。

（3）未恢复卸油工艺流程造成跑油。

（4）油槽车罐盖未紧固引发火灾。

（5）卸油软管、导静电夹未复位造成卸油软管、导静电装置拉断。

● **趸船卸油作业**

（一）油船系泊

1.操作要点：

联系、指挥油船；对准卸油位置；确认系泊牢靠、安全；穿救生衣。

2.主要风险：

（1）无人指挥；油船系泊发生刮、碰，造成设备损坏和油品泄漏。

（2）未对准卸油位置，输油软管无法连接，造成无法卸油。

（3）油船未系泊牢靠，发生漂移，造成设备损坏。

（4）未穿救生衣，接船人员失足溺水。

（二）准备

1.操作要点：

释放人体静电，连接静电线；轻放、稳固踏梯；船岸安全检查、供受油作业安全检查、成品油运输船舶验舱检查；使用防爆工具连接输油软管；开通并复核趸船、岸上工艺流程；与罐区计量员联系确认罐区工艺流程开通；计量油品、采样化验。

2.主要风险：

（1）未释放人体静电，静电放电引发火灾。

（2）活动踏梯与油船碰撞引发火灾。

（3）使用不防爆工具连接输油软管引发火灾。

（4）开错流程造成混油、管线憋压，或其他油罐冒油等。

（5）油品计量、化验前稳油时间不足引发静电火灾。

（三）卸油

1.操作要点：

开启真空引油流程进行灌泵；启动收油泵进行卸油作业；作业过程中巡检沿途管线、设备，发现问题，立即停止作业；油泵作业完毕后，开启扫舱工艺流程，抽扫油舱余油；扫舱后开启油泵回收真空罐中油品。

2.主要风险：

（1）收油罐切换不及时造成冒油。

（2）管线、闸阀等泄漏造成跑油。

（3）设备运行异常，造成设备出现故障。

（4）趸船振动，输油软管接头或软管发生磨损、破裂，造成油品渗漏或泄漏。

（5）作业过程中，随着油船载重减少，船体上升，未及时松解钢丝绳，造成钢丝绳拉断、设备损坏。

（6）汛期作业过程中，水位变化大，淹没管线接头或拉裂软管。

（四）卸油结束

1.操作要点：

通知罐区计量员卸油作业完毕，回收管线中的油品，检查各舱并施回封；拆卸输油软管，复位活动踏梯；关闭相关工艺流程。

2.主要风险：

（1）未通知罐区计量员，罐区相关工艺流程未关闭，造成跑油或混油。

（2）未复位活动踏梯，油舱移动时刮、碰，造成油船、踏梯等损坏。

（3）未回收管线中的油品，发生憋压或跑油事故。

（4）未关闭相关工艺流程，发生混油或跑油事故。

二、计量作业

● **计量准备**

1. 操作要点：

核对收发油品的品名规格、数量；检查计量器具及辅助材料完好；确认达到稳油时间；检查罐体（油船）和人行扶手踏梯（板）无缺陷、无湿滑物。

2. 主要风险：

（1）未核对品名规格及工艺，导致混油事故；未核对数量，收（装）油时冒油。

（2）器具连接不牢固造成器具坠落伤人。

（3）器具未装入箱（包）内，计量工登罐不便空手扶梯，造成高空坠落。

（4）未达到稳油时间，静电消除不彻底，静电放电引发火灾。

（5）油罐（舱）及阀门渗漏引发火灾。

（6）人行扶手踏梯（板）有缺陷或有湿滑物，引发滑倒、坠落。

● **登罐（车、船）**

1.操作要点：

释放人体静电；扶梯登罐；固定安全带，放置消防器材；站在量油孔上风向；轻拿轻放，依使用顺序摆放计量器具；轻启量油孔盖，待油气压力正常后，检查导尺槽和检尺标记完好、清晰。

2.主要风险：

（1）未释放人体静电，静电放电引发火灾。

（2）没有扶梯或登罐速度快，滑倒引发坠落。

（3）未系好或固定好安全带，造成高空坠落。

（4）消防器材失效或放置不当，计量时发生火灾无法及时扑救。

（5）站在下风口，开启量油孔盖速度过快，造成油气中毒。

（6）器具混乱放置不便取用，造成损坏。

（7）导尺槽损坏、标记不清，尺带、绳索与油品摩擦产生静电，发生火灾。

● **测量液面高度**

1.操作要点：

连接量油尺和油罐（舱）的静电跨接线；将试水膏均匀涂抹在量油尺砣刻度线附近；紧贴导尺槽（检尺标记处）下尺（下尺速度小于或等于1米/秒；尺

砣轻触底，微停留（3～5秒），提尺（提尺速度小于或等于0.5米/秒），用抹布擦净尺上的油品；读取数据时，用手指轻轻捏住尺带两侧，不要将尺带平放或倒放，尺砣垂直。

2.主要风险：

（1）尺带脱离导尺槽，下尺、提尺速度过快，摩擦产生静电引发火灾。

（2）涂抹试水膏不慎进入口、眼中，发生中毒。

● **测量油温**

1.操作要点：

将温度计轻轻放入保温盒，拧紧螺栓；将保温盒轻轻放入量油孔，然后使绳索紧贴导尺槽（检尺标记处）下放至确定的位置（下放速度小于或等于1米/秒），停5分钟后，紧贴导尺槽（检尺标记处）迅速提起保温盒（提出速度小于或等于0.5米/秒），垂直量油孔读取数据；将保温盒内油品倒入污油桶。

2.主要风险：

（1）温度计操作不当，破损扎伤手指。

（2）绳索脱离导尺槽，下放、提取速度过快，摩擦产生静电，引发火灾。

（3）油品洒落在量油孔外，造成湿滑和污染。

（4）保温盒内油品倒回罐内，喷溅产生静电放电引发火灾。

● **测量视密度**

1.操作要点：

盖好采样桶塞，使绳索紧贴导尺槽（检尺标记处）下放至确定的位置（下放速度小于或等于1米/秒）；停留3~5秒，紧贴导尺槽（检尺标记处）迅速提采样桶（提出速度小于或等于0.5米/秒）；冲洗量筒时，将油品倾斜沿量筒壁倒入并慢慢转动；采取足够油样，量筒内至少有10％的无油空间；将量筒放在无空气流动处，选定密度计轻轻放入量筒内读取数据。

2.主要风险：

（1）绳索脱离导尺槽，下放、提出速度过快，摩擦产生静电，引发火灾。

（2）油品洒落在量油孔外，造成湿滑和污染。

（3）计量器具操作不当，破碎造成伤人。

● **测量视温度**

1.操作要点：

用温度计轻轻搅拌油样，并不接触量筒壁及底部，读取温度数据；将油样倒入污油桶。

2.主要风险：

油样倒回罐内，喷溅产生静电引发火灾。

● **计量结束**

1.操作要点：

放好垫圈，关闭孔盖，拧紧螺栓；擦拭器具，装入箱内；清理油污、抹布；解开安全带，将消防器材放回原处；稳步下罐（船）；将污油桶内油品存放到指定容器内；依据测试计算结果，确定收（装）工艺和数量，并及时准确传递给有关作业人员。

2.主要风险：

（1）量油孔关闭不严，泄漏油气，遇雷电引发火灾。

（2）随意丢弃抹布，处理油样，污染环境，引发火灾事故。

（3）下罐（船）滑倒引发坠落。

（4）计算错误，信息传递不及时或不准确，造成跑冒油、混油和设备事故。

三、化验作业

● 采取油样

（一）准备

1.操作要点：

核对收油的品名规格；检查采样器具及辅助材料完好；确认达到稳油时间；检查罐体（油船）的人行扶手踏梯（板）有无缺陷。

2.主要风险：

（1）未核对品名规格，导致质量事故。

（2）器具连接不牢固造成器具坠落伤人。

（3）器具未装入箱（包）内，不便采样登罐空手扶梯，引发高空坠落。

（4）未达到稳油时间，静电消除不彻底，静电放电引发火灾。

（5）人行扶手踏梯（板）有缺陷或有湿滑物，引发滑倒、坠落。

（二）登罐（车、船）

1.操作要点：

释放人体静电；扶梯登罐；固定安全带，放置消防器材；站在采样孔上风向；轻拿轻放，依使用顺序摆放采样器具；缓慢开启采样孔盖，待气压正常后，进行采样工作。

2.主要风险：

（1）未释放人体静电，静电放电引发火灾。

（2）没有扶梯或登罐速度快，滑倒引发坠落。

（3）未系好或固定好安全带，造成高空坠落。

（4）消防器材失效或放置不当，采样时发生火灾无法及时扑救。

（5）站在下风口，开启采样孔盖速度过快，造成油气中毒。

（6）器具混乱放置不便取用，造成损坏。

(三)采样

1.操作要点：

盖好采样桶塞，使绳索紧贴导尺槽（检尺标记处）下放至确定的位置（下放速度小于或等于1米/秒）；停留3~5秒，紧贴导尺槽（检尺标记处）迅速提采样桶（提出速度小于或等于0.5米/秒）；采取足够油样，样瓶内至少有10%的无油空间，盖严瓶盖。

2.主要风险：

（1）绳索脱离导尺槽，下放、提出速度过快，摩擦产生静电，引发火灾。

（2）油品洒落在采样孔外，造成湿滑和污染。

（3）采样器具操作不当，破碎造成伤人。

（四）采样结束

1. 操作要点：

放好垫圈，关闭孔盖，拧紧螺栓；擦拭器具，装入箱内；清理油污、抹布；解开安全带，将消防器材放回原处；稳步下罐（船）。

2. 主要风险：

（1）采样孔关闭不严，泄漏油气，遇雷电引发火灾。

（2）随意丢弃抹布、处理油样，污染环境并引发火灾。

（3）下罐（船）速度过快，滑倒引发坠落。

● **化验作业**

（一）准备

1. 操作要点：

开启通风设备;检查化验用器皿清洁干燥，试剂、溶液等质量符合要求。

2. 主要风险：

（1）未启通风设备室内油气积聚,引发火灾爆炸。

（2）化验用器皿不清洁干燥，试剂、溶液物品变质，造成化验不准确。

（二）作业

1.操作要点：

按照油品分析相关规范操作，操作时精力集中，随时观测、记录化验数据，每次分析进行两次平行测定，超过规定误差时重新测定；凡使用有毒、有烟或恶臭物质，应戴防护眼镜在通风橱内进行；使用橡皮球吸取有毒试剂；用明火直接加热易燃品时，使用耐热玻璃容器加温。

2.主要风险：

（1）操作时不精力集中，造成化验数据不准确。

（2）使用有毒、有烟或恶臭物质，不在通风橱内进行，造成中毒。

（3）不使用橡皮球吸取有毒试剂，造成中毒。

（4）用明火直接加热易燃品时，使用不耐热玻璃容器加温，造成人身伤亡或火灾事故。

（三）化验结束

1.操作要点：

关闭通风设备，清洗、干燥器皿，妥善存放，切断电源，做好记录，写出化验报告，通知相关作业人员。

2.主要风险：

记录错误、写错报告、未通知或通知错误，造成卸错油、混油。

四、机泵作业

● 火车卸油

（一）作业准备

1.操作要点：

观察配电柜上的电压表的读数是否达到（380±5%）伏；确认油泵、管道接地线、电气保护接地良好，无松动，无断裂；启泵前，盘车灵活无异常，润滑良好，地脚无松动；引油（扫舱）系统无漏气，确认工艺流程无误，班（组）长签字后进行作业。

2.主要风险：

（1）未检查电压表的读数，电压过高或过低，造成启动油泵过载温度升高烧毁电动机，引发火灾。

（2）机泵、管道接地线、电气保护接地松动、断裂，引发静电、触电事故。

（3）联轴器错位，泵轴缺润滑油，地脚松动，长期运行泵轴发热超过70℃以上，损坏电动机。

（4）引油（扫舱）系统漏气，造成漏油、泵空转无法引油，损坏油泵。

（5）工艺流程错误，造成混油、冒油或设备事故。

（二）操作准备

1.操作要点：

复核泵房内工艺流程、收油的作业票，油品数量、品名、规格及所收油的罐号；开启油泵进口阀门；确认油泵出口阀门处于关闭的状态；启动通风系统。

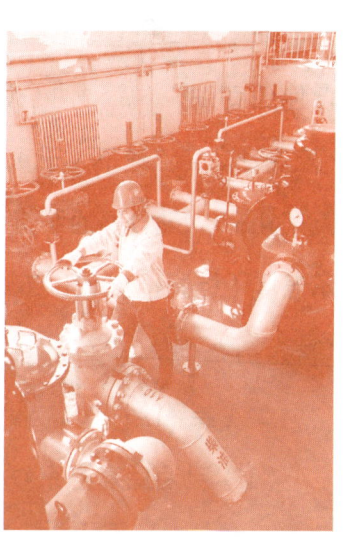

2.主要风险:

(1)未复核泵房内工艺流程,对收油的作业票,油品数量、品名、规格及罐号不清,发生卸错油品,造成混油等。

(2)出口阀门未关闭,在止回阀失灵时,发生油罐油品倒灌铁路槽车,造成冒油。

(3)未启动通风系统,造成室内油气积聚,引发火灾。

(三)油泵运行

1.操作要点:

启动潜油泵(利用真空泵引油后要关闭系统,不得伴随卸油);启动油泵,缓慢开启油泵出口阀门(控制油品初流速不大于1.5米/秒,正常收油流速不大于4.5米/秒);油泵运行时,检查泵、电动机轴承温度(控制在70℃以下);停泵前,缓慢关闭泵出口阀。

2.主要风险:

(1)引油后真空系统伴随作业,油蒸气大量排泄造成油气积聚，引发火灾。

（2）超流速卸油，大量静电积聚放电引发火灾。

（3）轴承温度高于70℃，造成油泵或电动机损坏。

（4）迅速关闭泵出口阀会造成阀门憋压。

（四）扫舱作业

1.操作要点：

复核扫舱罐（真空罐）内有无余油；开启扫舱罐、进口阀门和扫舱泵的进口阀门；启动扫舱泵后，开启泵出口阀〔采用真空泵时，开泵前应先灌泵，打开灌水阀，将清水灌至工作水位（泵2/3高度），关闭灌水阀，关闭真空罐进气阀门，当真空罐真空度达到负压40~60千帕时，打开真空罐吸入阀和排出阀〕；扫舱结束，关闭扫舱泵进、出口阀门，（真空泵停泵前，先关闭吸入阀，打开空气阀，打开真空罐进气阀门）停泵。

2.主要风险：

（1）未复核扫舱罐（真空罐）内有无余油，连续卸油，发生冒油。

(2)当真空罐真空度超过负压60千帕后,造成罐被吸瘪,发生跑油。

(3)真空泵停泵前,未关闭吸入阀门,未打开空气阀门,未打开真空罐进气阀门,停泵后,泵腔内形成负压,把真空罐内的油品吸入泵内,发生排气管冒油。

(五)输转扫舱罐(真空罐)作业

1.操作要点:

启动油泵,开启扫舱罐(真空罐)出口阀门;开启油泵的进口阀门、缓慢开启出口阀门。

2.主要风险:

迅速开启油泵出口阀门造成油泵、阀体胀裂跑油。

(六)扫舱罐(真空罐)输转完毕

1.操作要点:

确认扫舱罐(真空罐)内油品转净,关闭罐出口阀门,关闭油泵的进、出口阀门,停泵;泵房内进行自然通风,启动机械通风(通风时间不能小于1小时),清理现场,关闭机械通风,关窗锁门。

2.主要风险:

(1)未确认扫舱罐(真空罐)内油品转净,二次扫舱引发冒油事故。

（2）作业完毕后，不进行自然通风和机械通风，泵房内油气积聚引发火灾爆炸。

● **输转罐（倒罐）**

（一）作业准备

1.操作要点：

确认输转油作业票，油品数量、品名、规格，以及所转、收油的罐号。

2.主要风险：

未确认输转油的作业票，油品数量、品名、规格及罐号，发生跑冒、混油。

（二）输转作业

1.操作要点：

启动通风系统；开启油泵进口阀门，启动油泵，缓慢开启油泵出口阀门；油泵运行时，检查泵、电动机的轴承温度（控制在70℃以下）；输转完毕，缓慢关闭泵出口阀，关闭进口阀，停泵。

2.主要风险：

（1）作业时，未启动通风系统，泵房内油气积聚，引发火灾。

（2）迅速开启出口阀门会造成油品管道水击现象，发生油泵、管道胀裂跑油。

（3）轴温度高于70℃，引发火灾或设备事故。

（三）输转完毕

1.操作要点：

泵房内进行自然通风或启动机械通风（通风时间不能少于1小时）；填写好《设备运行记录》，清理现场，关闭机械通风，关窗锁门。

2.主要风险：

作业完毕后，不进行自然通风或机械通风，造成泵房内油气积聚造成火灾爆炸事故。

● **火车装油**

（一）装油作业

1.操作要点：

复核泵房内工艺流程；确认装油作业票，油品数量、品名、规格及所装油的罐号；启动通风系统；开启油泵进口阀门，启动油泵，缓慢开启油泵出口阀门；油泵运行时，检查泵、电动机的轴承温度（控制在70℃以下）。

2.主要风险：

（1）未复核泵房内工艺流程，错开阀门，造成装错油品、跑油、冒油、混油。

（2）未确认装油作业票，油品数量、品名、规格，发生跑油、冒油、混油。

（3）迅速开启出口阀门，使管道中油品流速过快，产生静电积聚，发生火灾。

（4）轴承温度高于70℃，发热引燃油蒸气，发生火灾。

（二）装油完毕

1.操作要点：

缓慢关闭泵进口阀，停泵，关闭泵出口阀；作业完毕后，清理现场，通风1小时后关闭机械通风，关窗锁门。

2.主要风险:

(1)先关闭泵出口阀后停泵,造成管线憋压。

(2)作业完毕后,通风时间不足,泵房内油气积聚,引发火灾爆炸。

● **消防泵**

(一)检查

1.操作要点:

观察配电柜上的电压表的读数是否达到(380±5%)伏,系统处于正常供电状态;泵电动机保护接地线良好,无松动,无断裂;联轴器灵活无异常,润滑良好;消防管线无渗漏,阀门密封完好,消防栓开关灵活;保持消防水池(罐)水位高度,出口阀门常开、泵出口阀门常闭状态;电动泵内燃机油料、冷却液、电瓶电量充足;泡沫罐内泡沫液保持饱和状态。

2.主要风险:

(1)未检查电压表的读数,电压过高或过低,造成启泵时,过载温度升高,烧毁电动机。

(2)系统未处于正常供电状态,总闸及各分闸合不上贻误灭火战机。

（3）泵电动机保护接地松动、断裂，引发触电事故。

（4）联轴器错位，泵轴缺润滑油，地脚松动，长期运行泵轴温度高于70℃，烧毁电动机。

（5）消防管线渗漏，阀门漏水压力达不到射程要求。

（6）消防栓开关不灵活，贻误灭火战机。

（7）消防水池出口阀门常闭，在灭火展开时打不开阀门，贻误灭火战机。

（8）泵出水阀门常开，启泵后管道压力增大很难打开消防栓开关。

（9）电动泵内燃机油料、冷却液、电瓶电量不足，无法启动，贻误灭火战机。

（10）泡沫比例混合器手柄指针不在标定的数字内，出泡沫液达不到混合比例，起不到灭火的作用。

（11）泡沫液储量不足，灭火时断量，无法继续灭火。

（二）出水作业

1.操作要点：

启动消防泵机组，打开内循环阀门；开启泵出水阀门，迅速关闭内循环阀门，调整压力达到0.8兆帕；与现场指挥人员保持通信畅通，随时调整压力。

2.主要风险：

（1）启动泵机组后，未打开内循环阀门，在消防栓未打开的情况下，造成管道憋压，胀裂管线。

（2）与现场指挥人员联络不畅，操作压力不稳，影响灭火。

（三）出泡沫作业

1.操作要点：

启动泡沫泵机组，打开内循环阀门；开启泡沫罐的出口阀，确认泡沫比例混合器手柄指针在标定的数字内；开启泵出口阀门，迅速关闭内循环阀门，使压力达到0.6兆帕；与现场指挥人员保持通信畅通，随时调整压力。

2.主要风险：

（1）启动泡沫泵机组后，未打开内循环阀门，在消防栓未打开的情况下，造成管道憋压，胀裂管线。

（2）泡沫比例混合器手柄指针不在标定数字内，起不到灭火作用。

（3）没有关闭内循环阀门和及时调整压力，达不到泡沫液射程要求。

（四）出泡沫结束

1.操作要点：

关闭泡沫罐进水、出液阀，清洗泡沫管线，停泵；作业完毕，阀门恢复启泵前状态，清理现场。

2.主要风险：

（1）管线出泡沫液后未清洗管线，造成管道腐蚀、堵塞。

（2）作业完毕后，阀门没有恢复启动前的状态，影响下次灭火操作。

（五）出水结束

1.操作要点：

出水结束，停泵，关闭出水阀门。

2.主要风险：

作业完毕后，阀门没有恢复启动前的状态，影响下次灭火操作。

第三章 事故报告

事故发生后,事故当事人或发现者应立即上报上级领导,紧急情况要报警。伤亡、中毒事故,应保护现场并迅速组织人员抢救;重大火灾、爆炸、跑油事故,应组成现场指挥部,防止事故的蔓延扩大。

1.任何事故,无论大小,都必须向油库主任汇报。

2.任何事故,均应在第一时间以最快方式报告,最快方式应首选口头报告。

3.汇报内容应包含以下信息:

事故发生的时间;

事故的简单经过;

受伤的人员及严重程度;

财物有何损失。

第四章　突发事件处理程序

一、人员伤害

急救原则：脱离危险环境，妥善抢救处理，立即送往医院。

● 机械伤害

停止设备运转，救出被夹、挤伤人员。如外部出血，应立即止血，防止因出血过多而休克。

● 触电

切断电源或用绝缘棒把触电者拨离电源。呼吸停止时，采取人工呼吸。

● 高空坠落

情况不明时，先使伤员安静平躺，不宜立即移动。外部出血，立即止血，外部无伤休克，立即拨打急救电话。

● **中毒**

将中毒人员移到阴凉通风处,松开衣裤。失去知觉时,使其闻吸氨水,灌浓茶;在有毒现场救人时,要佩带呼吸器及防护用具,防止自身中毒。

● **高温中暑**

将中暑人员移到阴凉通风处,用冷水擦浴、湿毛巾覆盖身体、头部放置冰袋等方法降温,及时给病人口服淡盐水,严重者送往医院。

二、火灾

灭火原则:先控制,后消灭,及时报警。

● **油罐火灾**

1. 启动现场报警器,拨打报警电话"119"。

2. 设置警戒线,疏散无关人员及车辆,救助受伤人员。

3. 关闭罐区阀门,停止收发油作业。

4. 启动着火油罐的泡沫、冷却系统;对相邻油罐进行冷却。

5.确认防火堤、水封井阀门处于关闭状态。

6.用沙袋等应急物质,封堵防火堤出现的破损处,防止油品外溢。

7.呼吸阀、检尺孔、透光孔着火,发生火炬燃烧时,采取石棉毯窒息扑灭或用灭火器、泡沫炮、泡沫枪进行灭火。

8.油罐发生爆炸,顶部塌陷或被掀掉,稳定燃烧时,采用泡沫炮、泡沫枪实施灭火,同时对相邻油罐进行冷却;当危及人身安全时,应有组织撤离现场。

9.油罐爆炸破裂,油品外泄,在扑救油罐火灾的同时扑救防火堤内流散火焰。

● **汽车油槽车火灾**

1.启动现场报警器,停止装卸油作业,关闭阀门,切断电源,疏散其他车辆;火势较大难以控制时,应设法将着火油槽车移出装卸油区域进行扑救。

2.油罐口或卸油口着火,用石棉毯封堵窒息灭火或用手提式干粉灭火器灭火。

● **铁路油槽车火灾**

1. 启动现场报警器，停止装卸油作业，关闭阀门，拔出临近油槽车鹤管，盖上罐盖，推离火灾现场，推离时不能进行连续水冷却。

2. 油罐口着火，用石棉毯窒息灭火或用灭火器灭火，有条件的情况下关闭油槽车罐盖。

3. 油槽车脱轨倾倒，油品外泄燃烧时，先扑灭流散油品的火焰，再扑灭油槽车火焰，同时对着火油槽车及相邻油槽车进行水冷却。

4. 火势强烈无法扑救，危及人身安全时，有组织撤离火灾现场。

● **输油管线火灾**

输油管线胀裂着火，启动现场报警器，停止输转油作业，关闭（管线两端）阀门，用石棉毯或灭火器扑救管线上及地面流散出来的火焰，同时对相邻管道进行持续水冷却。

● **油泵房（棚）火灾**

启动现场报警器，停泵，关闭阀门，切断电源；

用灭火器、石棉毯扑救，封堵泵房附近的排水管（沟）；对周围的设施及建筑物进行水冷却。

● **电气火灾**

切断电源，停止电气与油品有关的作业，用二氧化碳、干粉灭火器灭火（不可采用水或泡沫灭火）。

● **人身火灾**

1.立即令其躺倒，用干粉灭火器扑灭其身上的火（注意不要向对方的面部喷射），或者用毛毯、大衣裹紧其身体灭火（注意：包裹时要从离头部最近的地方开始包裹）。

2.如果现场只有着火者一人，尽量脱下衣服，用脚踩灭或浸入水中；如果来不及脱，可就地打滚，窒息灭火。

三、跑冒漏混油

基本处理措施：切断油品跑、冒、漏区域的电源，关闭阀门，停止输转油作业；封堵邻近的排水、排污管沟（洞）；用防爆器具及时回收油品，无法回收时要采用沙土、吸油纸（布）吸附。

● 油罐跑冒漏油

停止油罐进油作业，向品名对应的油罐输转油品（油罐泄漏采用木楔等堵洞）；用沙、沙袋堵截地面的流散油品，无法回收时要采用沙土、吸油纸（布）吸附。

● 输油管线泄漏

停止输转油作业；管线砂眼、小孔或破裂，采用软金属、木楔、卡箍等堵洞；阀门泄漏、法兰茨垫，清空管线，更换阀门及法兰垫；用沙、沙袋堵截地面流散的油品，无法回收时要采用沙土、吸油纸（布）吸附。

● 油槽车跑冒油

停止装油作业，关闭阀门；冒油时打开卸油阀将油品卸入安全容器；将油槽车推离装卸油现场；用防爆器具及时回收油品，无法回收时要采用沙土、吸油纸（布）吸附。

● **混油**

立即停止输转、装卸作业，上报主管部门。

四、自然灾害

● **地震**

1.立即停止作业，切断电源、组织人员迅速撤离屋内或建筑物下，转移至安全地带；夜间突发地震来不及撤离时，应迅速转移至床铺下、桌下；有受伤的人员要组织抢救，抢救时注意气象部门地震预报，防止余震再次伤人。

2.如地震将输油管线、储油罐损坏，造成油品外溢,应采取转移油品至其他储罐,关闭阀门,加上盲板，采用木楔子、打卡子等方法予以处置；大量油品外溢无法回收处理时，要及时组织周边群众转移至安全地带，同时向消防、环保部门报告灾情，防止火灾和环境污染。

3.及时将现金支票、重要账簿、技术资料转移至安全地带保存。

4.火灾按照火灾事故处理程序进行抢救。

5.及时上报当地政府部门，争取社会救援。

● **台风**

1.停止输转油、装卸作业。

2.风暴较大时要注意监视标识牌、高悬物，防止大风刮倒砸伤人员；风暴在6级以上时，人员应暂时离开标识牌、高悬物下面，防止暴风刮倒设施，砸伤人员。

● **洪涝灾害**

1.停止输转油、装卸作业；关闭所有设备电源，切断变压器、配电柜、电力系统的电源开关；储油罐做好封存处理，检查油罐进出管线法兰紧固防渗，防止油品泄漏造成环境污染。

2.充分利用油库围墙，用草袋、沙袋、泥土建筑防洪围堤，防止洪水进入库内；用沙袋、草袋筑高配电室门口，防止洪水进入造成电源短路。

3.洪涝严重时可能淹没油库，应在组织人员转移的同时做好撤离的善后工作。

4.自救过程中，要有专人监视洪灾变化，水位上涨情况，在必要时有序地将人员转移到高处安全地带或油库房顶上的安全处，及时与外界联系求助救援。

5.及时将现金支票、重要账簿、技术资料转移至安全地带保存。

附录一 应急设备

一、应急设备组成

● **急救设备**

担架、急救箱（纱布、外伤创伤药品、中暑药品）。

● **个体防护设备**

呼吸器，安全帽，护目镜，防油手套，防毒面具，救生衣，消防服、消防靴、消防头盔。

● **通信设备**

防爆对讲机，固定电话，消防报警装置，手摇报警器等。

● **消防设备**

消防水罐、泡沫罐、消防泵，消防车，消防水带、消防水枪、消防栓、泡沫枪、泡沫钩管、泡沫炮，手提式及推车式灭火器，风力灭火机，消防斧、消防钩、消防铁锹、消防桶、消防沙、石棉毯。

● **泄漏控制设备（材料、工具）**

管卡，毛毡、铁丝，阀门密封件，胶粘剂，各类防爆扳手，围油栏。

● **泄漏清除设备（材料、工具）**

吸油毡、消油剂及喷洒装置、纯棉棉纱、拖布，扫帚、笤帚，铝簸箕，散装油桶，沙土、水泥等。

● **监测设备**

测氧仪，可燃气体检测仪，视频监控设备，火灾报警系统等。

● **照明设备**

防爆手电，应急灯。

二、主要应急设备使用

● 手提式干粉灭火器

先把灭火器上下颠倒几次,站在上风方向,拔下保险销,一手握住喷嘴,一手用力压下按把,对准火焰根部,左右摆动灭火器向前推进灭火。

● 推车式干粉灭火器

一般由两人操作。将灭火器迅速拉或推到距离起火点8米处,一人将灭火器放稳,拔出保险销,迅速展开喷射软管(软管不能有拧褶),拿住喷枪,另一人站在上风方向,压下按把,对准火焰根部,左右摆动灭火器,喷射灭火。

● 手提式化学泡沫灭火器

手提筒体上部的提环,迅速赶赴距着火点4米左右,站在上风方向,将筒体颠倒过来。一手紧握提环,另一手扶住筒底的底圈,将泡沫射流对准燃烧物灭火。

● 推车式化学泡沫灭火器

操作时由两个人将灭火器推至距起火点8米处,

站在上风方向，一人旋放喷射管，手握喷筒，另一人逆时针旋转手轮，开启瓶胆，然后放倒筒体，摇晃几次，将旋杆触地，打开阀门，泡沫即喷出灭火。

● **二氧化碳灭火器**

将灭火器提到距起火点1.5米处，拔下保险销，一手握住喷嘴（鸭嘴口），一手用力压下按把，站在上风方向对准火源，进行灭火。

注意：二氧化碳灭火器适宜扑救600伏以下带电设备、仪器仪表、面积不大的易燃液体火灾。

● **消防过滤式自救呼吸器**

1.打开盒盖，取出真空包装袋。

2.撕开真空包装袋，拔开前后两个罐塞。

3.戴上头罩，拉紧头带。

4.选择路径，果断逃生。

5.本产品仅供一次性使用，只供个人防毒自救使用。

6.产品备用状态时，环境温度应为0~40℃，周边禁止存在热源、易燃易爆及腐蚀物品，通风良好。

● RHZK 系列正压式空气呼吸器

1.将空气呼吸器气瓶瓶底向上背在肩上。

2.将大拇指插入肩带调节带的扣中并向下拉，调节到背部舒适为宜。

3.插上塑料快速插扣，腰带系紧程度以舒适和背托不摆动为宜。

4.把下巴放入面罩，由下向上拉上头网罩，将网罩两边的松紧带拉紧，使全面罩双层密封环紧贴面部。

5.深吸一口气将供气阀打开，呼吸几次，感觉舒适、呼吸正常后即可进入操作区作业。

6.使用中应使气瓶阀处于完全打开状态。

7.必须经常查看气瓶压力表，一旦发现高压表指针快速下降或不能排除的漏气时，应立即撤离现场。

8.使用中感觉呼吸阻力增大、呼吸困难，出现头晕等不适现象时应及时撤离现场。

9.使用中听到残气报警器哨声后，应尽快撤离现场。

附录二 常见"三违"行为

一、习惯性"三违"行为

● 未着装上岗

要求:穿防静电服装上岗。

危害:人体穿的内外衣由于材料不同,在穿、脱、运动情况下,易产生静电,放电引燃油气。

● 作业现场使用手机

要求:禁止在库区使用手机。

危害:在爆炸危险环境下,使用手机拨打、接听电话,拆装电池会产生电火花,可能引燃油气。

● 携带火种进入作业现场

要求:严禁携带火种进入作业现场。

危害:打火机遇到碰撞容易发生爆炸,极易引燃油气。

- **酒后上岗**

要求：严禁酒后上岗。

危害：酒后神智不清，脚下不稳，容易发生误操作及高空坠落事故。

- **用塑料容器盛装油品**

要求：禁止用塑料容器盛装油品。

危害：向塑料容器灌装油品过程中，由于塑料容器导电性能差，使容器内的油品静电荷大量积聚，放电引燃油气，发生火灾。

- **未释放人体静电**

要求：进入爆炸危险区前必须释放人体静电。

危害：人体在运动中摩擦产生静电，在干燥气候条件下，易造成电荷积聚、放电引燃油气，发生火灾事故。

- **使用非防爆工具**

要求：禁止使用非防爆工具从事与油品有关的作业。

危害：非防爆（铁制）扳手等工具与其他铁制品敲击、碰撞时易产生火花，容易引燃油气。

● **穿铁钉（掌）鞋**

要求：禁止穿铁钉（掌）鞋进入爆炸危险区域。

危害：铁钉（掌）鞋与水泥路面或金属摩擦产生火花，引燃油气。

● **不配戴安全带、安全帽**

要求：高空作业必须配戴安全带、安全帽。

危害：在油罐、油槽车、栈桥等上进行装卸油、计量等高空作业时不配戴安全带、安全帽，发生高空坠落，易造成人身伤亡。

● **作业时脱离岗位**

要求：装卸油、机泵作业、油罐进油等作业中必须进行现场监护。

危害：无人监护，在阀门故障、溢油装置失灵、机泵抽空、流程切换错误、油罐安全容量计算错误等情况下，易造成泄漏、卸错油或油罐、油槽车冒油等事故。

- **信息传递不及时**

要求：严格按照作业程序传递信息。

危害：交接班及作业人员之间交代不清、作业环节不协调，容易发生设备损坏或跑冒油等事故。

- **操作错误时不报告**

要求：正确分析、判断事故苗头，正确处理，及时报告。

危害：操作错误时不报告，留下隐患或导致事故扩大。

二、装卸油作业"三违"行为

- **非岗位人员收下鹤管**

要求：禁止非岗位人员作业。

危害：非岗位人员穿戴衣服可能不符合防静电或自身保护要求，不熟悉设备性能及作业风险，易引发火灾及人身伤亡事故。

- **未连接静电接地线装卸油**

要求：装卸油作业前油槽车必须连接静电接地线。

危害：油槽车携带的或装卸油过程中产生的大量静电，不能有效消除，引发火灾。

- **稳油时间不足拔鹤管**

要求：装完油后必须稳油 2 分钟方可拔出鹤管。

危害：未达到稳油时间，装油中产生的静电不能全部消除，拔出鹤管时静电放电，引发火灾。

- **装油前没有复核油槽车容量**

要求：装油开始前必须复核油槽车容量。

危害：未复核油槽车容量，装油中发生油槽车冒油。

- **鹤管未插入罐底装卸油**

要求：装卸油时鹤管必须插入距罐底 200 毫米处。

危害：鹤管未插入罐底，喷溅式装油，产生大量静电，引发火灾。

- **车辆未熄火装卸油**

要求：车辆必须熄火装卸油。

危害：汽车电气火花或排气管喷出的火花引燃油气，发生火灾事故。

三、计量作业"三违"行为

● **开错工艺流程**

要求：按照作业票正确开通工艺流程，并有专人监护。

危害：不熟悉工艺流程或无人监护，错开阀门且未能及时发现，导致混油、冒油、跑油等事故。

● **未核对车（船、罐）号和油品品名、规格**

要求：计量作业前必须核对车（船、罐）号和油品品名、规格。

危害：不核对车（船、罐）号和油品，容易造成混油、跑油、冒油。

● **未检查油槽车（船、罐）安全状况**

要求：作业前必须检查油槽车（船、罐）及附件安全设施完好。

危害：护栏、盘梯、踏板等不符合安全作业条件，发生人员伤亡事故。

● **稳油时间不足进行计量**

要求：禁止未达到稳油时间进行油品计量作业。

危害：稳油时间不足，静电未消除，在操作时易引发火灾。

● **站在下风方向作业**

要求：禁止站在下风方向进行计量作业。

危害：站在下风方向，启动量油孔盖时容易吸入油气，产生中毒事故。

● **未定期测量油罐液位**

要求：动转罐动转前后必须测量，非动转罐3天测量1次。

危害：未定期测量油罐液位，在油罐发生腐蚀穿孔时，不能及时发现漏油和跑油。

● **输转中进行人工计量作业**

要求：禁止油罐、油槽车在输转中进行人工计量作业。

危害：油品在输转中产生大量静电，人工作业时静电放电引发火灾。

● **不采用专用计量绳进行取样**

要求：必须采用专用计量绳进行取样。

危害：非专用计量绳可能达不到防静电要求，容易产生静电引发火灾。

四、化验作业"三违"行为

● **随意堆放、乱倒化验试剂及油样**

要求：禁止随意堆放、乱倒化验试剂及油样。

危害：随意堆放、乱倒化验试剂及油样，会污染环境，可能引发火灾。

● **在通风橱外从事有毒、易挥发和冒烟的试验**

要求：禁止在通风橱外从事有毒、易挥发和冒烟的试验。

危害：在通风橱外从事有毒、易挥发和冒烟的试验，可能造成中毒事故或油气积聚引发火灾。

● **化验室未通风进行油品化验作业**

要求：在化验室进行油品化验作业前必须通风。

危害：未通风进行化验作业，油品易挥发积聚引发火灾爆炸事故。

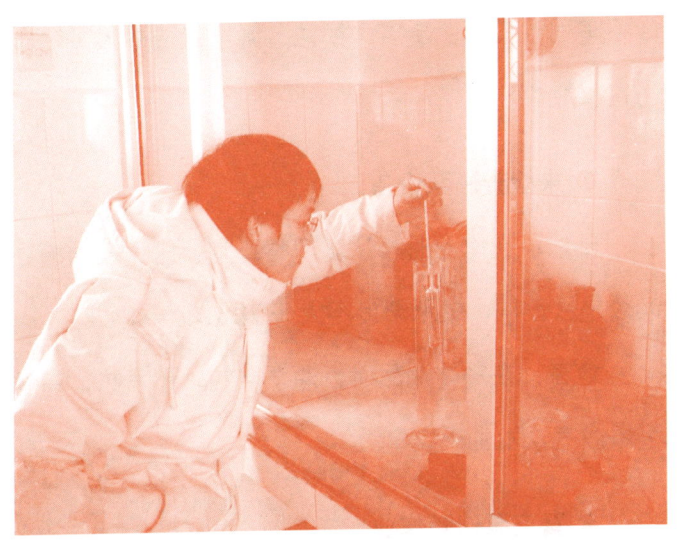

五、司泵作业"三违"行为

● **未检查电气设备**

要求：在作业时电压正常，启动电流不过载，防爆密封完好，电气接地牢固可靠，无断裂。

危害：配电柜内线路短路发生火灾事故。防爆接线盒密封不严，接线松动，启动时，遇油气发生火灾爆炸事故。电动机电源线防爆绕管松动、断裂，电缆短路发生火灾爆炸事故。防爆按钮、密封胶垫破损，进入油气，开关时，发生火灾爆炸事故。电气设备接地不牢固，松动、断裂、锈蚀，漏电时造成人员触电伤亡事故。

● 未检查油泵设备

要求：在作业时，认真观察真空、压力表的指针读数是否正常，轴承温度不大于70℃。

危害：在输转油品时，油泵空转轴承发热，高温引燃油气，发生火灾事故。

● 真空泵伴随作业

要求：在收油时，真空泵只能做引油作业，绝不能伴随作业。

危害：在收油时，真空泵伴随作业，排出大量的油蒸气，造成油气积聚，达到爆炸极限，引发火灾事故。真空泵伴随作业时部分油品吸入真空罐，易发生冒油事故。

● 司泵工与卸油工、计量工沟通不及时

要求：作业时司泵工与卸油工、计量工必须做到

及时联络且信息畅通。

危害：卸油工未开阀门，司泵工开泵造成泵空转，高温引燃油气，发生火灾事故。计量工未开罐前阀门，司泵工开泵输油后，管线憋压引发阀门、法兰泄漏。

● **运转中擦拭、维修机泵**

要求：严禁在运转中擦拭、维修设备。

危害：在油泵运转时擦拭、维修设备，易发生机械伤人事故。

● **未检查设备接地**

要求：作业前检查设备接地，无松动，无锈蚀，无脱落，处于良好状态。

危害：泵房配电系统接地大于10欧，配电柜内（电涌）保护器失灵，易发生雷击火灾事故。泵房机械设备接地大于10欧或接触不良，产生静电无法释放，易发生火灾爆炸事故。

附录三 典型事故案例

案例一 静电接地装置接触不良引发火灾

● **事故经过**

1997年1月17日上午,天气晴朗,某油库的发油台在灌装1辆装7吨汽油的汽车油槽车,当灌装到3212升时,司机拔动鹤管察看罐内油量,油槽车装油口突然起火。发油员迅速关闭阀门,在场司机积极扑救,着火后约1分钟即将火扑灭,没有造成大的损失。

● **事故分析**

1.导静电夹与罐体接触不良,罐体本身携带大量静电。

2.鹤管倾斜插入油槽车并且没有插入罐底,喷溅式装油,产生静电无法排除。

3.装油过程中司机违反规定,拔出鹤管察看油量。拔鹤管时,在鹤管和油罐口接触产生静电放电引燃油气。

案例二　装油作业无人监护引发火灾

● **事故经过**

1987年7月18日，一辆油罐汽车到某石油公司油库提取汽油，在灌装期间，由于无人看守，输油胶管从车上掉下来，汽油喷洒了一地。汽车司机即把油管拾起来，喷出的汽油洒到电器开关上，在场的副班长立即拉开电器开关，因开关不防爆，产生的电火花点燃了周围的可燃气体而爆炸着火。灌装现场成了一片火海，火焰高达10米以上。通过将燃烧的汽车开出库外和奋力扑救，才将火扑灭。救火中烧伤2人。

● **事故分析**

1. 灌装过程中无人看守，造成跑油。
2. 爆炸现场使用不防爆型电气设备。

案例三 非标准油槽车装油引发火灾

● **事故经过**

2004年11月8日下午，某销售分公司下属油库实施倒油作业。在安装输转油品的防爆倒油泵和管线时，由于油管长度不够，无法使用倒油泵向油槽车内倒油，于是现场人员擅自决定使用油槽车自带油泵进行接管输油。当日15时，启动油槽车自带的以汽车发动机为动力的输油泵，通过胶管从101号罐人孔向油槽车上部注油口装油，15时25分，油槽车发生爆炸，之后，油槽车油罐口着火，同时引燃了罐区内的油气，致使101号油罐发生着火、爆炸。事故造成现场两名员工死亡，两名员工轻伤，直接经济损失141930元。

● **事故分析**

1. 油槽车罐体与车体连接不良，致使装油时罐内产生的静电无法从接到车体上的地线导出，形成静电打火。

2.输转油属于重大危险作业,采用危险性很大的打开人孔的方式外输罐底余油,形成潜在隐患。

3.油槽车不符合相关安全技术规程的要求。其由普通货车搭载非标准油罐而成(集体单位所属),油罐仅由钢丝绳固定在车体上,与车体连接不牢固;电气连接不符合规范要求;车上所配的输油泵与罐体无固定连接管线,油罐无阻火器透气阀,仅由短管与大气直接连通;注油口为手工焊制安装,无密封槽和密封胶圈,不符合盛装、运输油品的技术要求。

4.油槽车在装油时发动机没有熄火,违反了作业规定。

5.作业人员发现连接防爆倒油泵的管线长度不够,但没有中止作业,而是擅自改变作业计划,未使用防爆倒油泵,改用油槽车自带油泵进行作业。

案例四　汽车未熄火装油引发火灾

● **事故经过**

1981年4月14日上午,某石油公司油库向一辆汽车油槽车灌装油时,由于汽车没有熄火,发油员和司机在流量室闲谈,油溢出洒在发动机上着火,汽车被局部烧坏,流量室窗户和发油胶管烧毁。在救火过程中,1人面部烧伤。

● **事故分析**

1. 未执行汽车装油时必须熄火的管理规定。
2. 未执行汽车灌装油作业时司机不得离开驾驶室的规定。
3. 发油员装油时未进行监护导致油槽车冒顶。

案例五　塑料桶灌装油品引发火灾

● **事故经过**

1981年1月5日，一名客户提一只塑料桶到某石油公司油库灌装油品。发油员打开阀门，汽油流入塑料桶的过程中，塑料桶起火。发油员一时紧张，未顾得关闭阀门，将油桶摔在地上，火焰扩大蔓延。报警后，油库职工赶到现场，关闭阀门，用沙子、干粉灭火器等将火扑灭。

● **事故分析**

1.违反了油库管理规定，直接给塑料桶灌装油品，导致静电积聚放电发生火灾。

2.发油员不关阀门，将着火的油桶摔在地上的做法是非常错误的，正确的做法是先关闭阀门，然后采用就近的消防器材灭火。

案例六 卸油时油气积聚配电间发生火灾

● **事故经过**

2004年9月22日晚上至23日上午，某油库铁路装卸作业区连续作业，作业过程中产生大量油气，并在栈桥周围聚集。由于当日气压低，同时伴随微弱的偏北风，油气聚集下沉，并向配电间方向漂移。配电间的地坪低于室外路面55厘米，室外的油气窜入配电间内聚集并达到爆炸浓度极限。23日10时04分，司泵员停泵操作时，配电开关动作产生的电火花引爆室内油气，发生闪爆，造成4人受伤。

● **事故分析**

1. 配电室设计不合理，低于地坪55厘米。
2. 作业中产生较大油气，达到爆炸极限，未能及时发现。

案例七 栈桥电气线路漏电引发火灾

● **事故经过**

1981年5月22日13时45分，某石油公司油库进了10辆铁路油槽车的汽油。14时50分卸完了7辆油槽车，剩余3辆油槽车正在卸油，突然一声巨响，5号货位正在装油的油槽车起火。抄录车号的1名铁路货运员和油库的2名计量员，立即提着干粉灭火器跑向油槽车灭火，油泵房断电停止输油。由于措施得力，动作迅速，扑救得当，待救援人员赶到现场时，火已经扑灭。

● **事故分析**

1.栈桥照明线为普通用电线，且直接敷设在栈桥栏杆上，导线绝缘层老化，破损漏电。

2.装卸油鹤管没有插到油罐底部，喷溅式装油，产生静电和油气。

案例八 喷溅卸油引发油罐火灾

● **事故经过**

2005年3月3日，某炼油厂装运车间进行污油回收作业，将油污桶内污油回收到汽车油槽车，然后倒入污油罐。10时05分，操作人员在栈桥站台西侧从汽车油槽车向污油罐倒装污油时，污油罐突然发生燃烧。此后，汽车油槽车后部爆裂烧毁，相邻的另一个污油罐也发生爆炸，泄漏污油流入装车栈桥地沟，引起地沟着火。事故造成油槽车驾驶员及在污油罐顶部作业的一名操作工当场死亡，另一名操作工烧成重伤。

● **事故分析**

1.在使用车载泵向污油罐倒油时，倒油胶管出口未插入污油罐液面以下，喷溅式卸油，导致污油与空气摩擦产生静电，引燃罐内气体，发生爆炸。

2.污油罐设计存在缺陷。4个污油罐是利用旧设备组装的，1995年设置在铁路站桥旁，违反了《石油库设计规范》中关于"火车作业线距离1000立方米以下油罐的安全距离不小于15米"的要求。另外，4个污油罐无导流管，无防静电接地线，储罐之间安全距离不符合规范。

3.污油回收作业流程不科学。从回收至回炼要经过4次中转，每个作业过程都存在较大的风险和隐患，增加了发生事故的概率。

4.回收污油的油槽车在2001年就被判定报废，后又被允许使用，两年中没有进行过检验。

案例九　铁路油槽车滑动引发火灾

● **事故经过**

1973年9月,某油库接卸6辆铁路油槽车的汽油,当卸第5车油时,剩余的1辆铁路油槽车突然滑动,在铁路线上滑动1.5千米左右后与车站机头相撞,油槽车立即起火,燃烧汽油36吨,烧毁铁路油槽车1辆。

● **事故分析**

1. 作业前没有按规定确认铁路油槽车无溜放作业。
2. 作业过程中无人监护,导致油槽车滑动产生事故。

案例十 油罐冒顶引发火灾

● **事故经过**

1975年2月11日8时30分,某石油公司油库进了11辆铁路油槽车的油,计量员没有对油罐进行罐前计量,决定向14号、15号油罐卸入6车油,随后便离开现场达2h之久,致使14号油罐冒油33吨。冒油后未能及时发现,直到10时30分有4名职工进库进行安全检查时才发现。汽油顺着排水沟流到库外,遇明火点燃了汽油,立刻形成一条300多米长的燃烧带,烟火冲天,高达10米左右。

● **事故分析**

1. 没有执行油罐进油前应进行罐前计量的规定。
2. 没有执行油罐进油过程应该监视的规定。
3. 罐区排水阀门未关闭。

案例十一　输油管线憋压造成油品泄漏引发火灾

● **事故经过**

1985年6月17日15时左右,某石油公司将输油管两端阀门关闭,气温升高,由于油库输油管内存油,油品体积膨胀压力升高,检修时发生油品泄漏和火灾事故。

● **事故分析**

1.违反流程切换规定,导致输油管线形成"死油段"后泄漏。

2.检修采用的工具不防爆。

案例十二　汽油洗衣服引发火灾

● 事故经过

1982年12月3日,某石油公司油库一名工人维修管线时,身上沾上了柴油,他把脏衣服泡在装有汽油的盆内,端到修理间后打开电炉,边洗衣服边取暖。在洗衣服的过程中将汽油溅到了电炉上,将衣服引燃。工人提着衣服往外跑时,踏翻了汽油盆,顿时酿成大火。火焰窜上顶棚烧毁修理间120平方米,烧坏空压机一台,洗衣服工人烧伤。

● 事故分析

1. 违反油库管理规定用汽油洗衣服。
2. 汽油与电炉同处一室,为汽油燃烧提供了条件。

案例十三　开错阀门造成混合和油罐溢油

● 事故经过

1978年2月6日12时30分,某石油公司油库准备进行10辆-10号柴油铁路油槽车的接卸工作,计量员计量验收后,通知管线组输入4号油罐。但负责开阀门的管线工误将装有-20号柴油的832吨的1号油罐进出油阀门打开。15时左右开始卸油到18时30分卸油基本完成,巡线员到油罐区巡查时发现1号油罐溢油,损失柴油17吨。

● 事故分析

1. 管线工作员工责任心不强,开错阀门。

2. 没有执行流程切换作业专人监护的规定,导致管线工开错阀门没有及时发现。

3. 卸油作业过程中没有监护油罐,导致事故发生。

案例十四　操作不当造成中毒死亡

● **事故经过**

1969年7月25日,某场站从储存油库向消耗油库第一次输油,油料保管员和油罐汽车司机到2号检查井,开启输油管线上的排气阀门时喷出油气和汽油,使2人中毒晕倒,因抢救不力,延误了时间,致使2人死亡。

● **事故分析**

1. 检查井内空间小,打开阀门时站的位置不对,开阀门速度过快,具有压力的油气和汽油一起喷射到操作人员面部,又无思想准备,2人很快窒息。

2. 输油管道检查井中不宜设置排气阀门,即使设置了也不应在输油过程中排气。

3. 在检查井操作时,应1人下井操作,1人在井上监督。排气时阀门应缓慢打开,且面部偏离阀门通向大气的孔口。

案例十五　带铁钉鞋碰撞着火

● **事故经过**

1983年6月22日下午，某石油公司油库接卸汽油，晚上还要接卸煤油。汽油卸油作业结束后，计量员进入阀门井关闭阀门时，一声闷响，阀门井起火。计量员烧伤。

● **事故分析**

1. 阀门失修渗漏，阀门井内积聚了大量油气。

2. 计量员穿着带铁钉鞋（身上还带着打火机），鞋上的钉子与铁杆碰撞产生火花，点燃了油气。作为计量员，脚穿铁钉鞋，身带打火机，进入危险作业区，严重违反了石油库防明火和防静电管理制度。

案例十六　打火机从衣兜掉落引发火灾

● **事故经过**

1977年6月25日7时,某油库保管员(计量员)身带打火机接卸汽油。打火机从衣兜里掉落在金属罐又滑落在混凝地上,打出火星引起油气爆炸燃烧,将油罐盖炸掉,保管员脸部和身上大部烧伤。由于扑救及时,未酿成大灾。

● **事故分析**

计量员带火种进入危险区。

案例十七 未计量、巡检发生跑油、污染

● 事故经过

1985年1月3日7时,某石油公司直属的10万立方米中转油库储油区17号油罐因超装油品发生跑油事故。

1985年1月1日,该库进来一艘大庆412号油船,装载70号汽油5002.6吨。17时35分开始向15号油罐(1000立方米)卸油,卸入一部分后停止作业。1月2日22时20分开始向17号油罐卸油,1月3日5时15分停卸,连续作业6小时55分。6时30分值班人员在油罐环行通道上听到油品流动声音,发现油品经排水管流出罐外1000米。经检查发现呼吸阀顶盖压杆折断,量油孔开启,呼吸阀结合管升高13厘米,罐内油高11.09米(罐壁高11.19米)。这起事故共跑油199.09吨,回收85吨,损失114.09吨,由于油品流到库外农田,污染农田51.74亩,污染较严重的31.38亩,污染轻微的20.36亩,还污染水塘和两条水渠约3亩。

● **事故分析**

1. 3名值班人员没有计量油罐是否能容纳卸入的油品。

2. 没有按规定进行监测和巡回检查。

3. 擅自离开岗位,甚至有的人员还去睡觉。

案例十八　计量不及时油罐底板腐蚀孔长时间漏油

● **事故经过**

1981年2月10日，某油库保管班（计量班）副班长测量丙组10号柴油罐时，发现油面下降99毫米。当天向股长汇报，股长要求复测，副班长没有复测，11日以"油面正常"交班。此后保管班长和其他保管员分别于2月25日和3月11日测量，油高分别下降1毫米和120毫米，但均未报告。3月25日测量时，油高又下降39毫米。经清空和刷洗检查，发现油罐底板有2处腐蚀穿孔。从第一次发现油面下降到清空检查，历时44天，漏损柴油38吨。

● **事故分析**

计量员发现油罐底板腐蚀穿孔泄漏油品没有报告。

案例十九　交班不清、作业前未计量造成跑油

● 事故经过

1983年9月16日0时10分，某石油公司油库进了2辆铁路油槽车汽油。当班计量员验收计量为76.36吨，让卸入28号罐。交代后回值班室休息，由两名工人卸油，2时10分卸油完毕。2时20分左右，一名工人进库关闭阀门时，发现28号油罐顶部冒油。即与当班计量员和另一名工人采取倒罐措施，2时40分左右停止冒油，损失汽油28吨。经查，28号罐本已储汽油60吨，9月11日，由另一名计量员验收计量向28号油罐再进汽油80吨，存量达140吨，接近安全容量。但因11日进油后当班计量员未登记入账，也未向16日接卸油料的当班计量员交代。16日进油前，当班计量员未对28号油罐进行测量，导致跑油事故发生。

● **事故分析**

1. 当班计量员在接卸油品前未对 28 号罐计量,就盲目卸油。

2. 作业过程中既未巡视管线,也未对油罐进出油情况进行监视。

案例二十 操作动态油罐中毒身亡

● **事故经过**

1991年1月26日13时30分,某石油化工总厂油品车间油罐区一名油槽工在测量101号、103号污油罐时,被硫化氢熏倒在103号油罐平台上,同班职工发现后立即送往医院,抢救无效于当日23时50分死亡。

● **事故分析**

1. 违反了动态油罐不允许进行计量操作的规定。
2. 对硫化氢毒性认识不足,没有防范措施。

案例二十一 化验报告填写不详造成混油

● **事故经过**

2002年9月3日,某油库上午接卸240吨航空煤油,装入8号罐。下午到了11辆铁路油槽车的汽油。现场值班员没有核实油品和化验单,主观认为还是航空煤油。化验员取样化验后,也只是报告化验质量合格,没有说是什么油,计量员测量密度时,发现密度小,但认为是天气热密度变小。17时20分开始卸油,油被卸入航空煤油罐。17时55分化验员到铁路罐车上看随车化验单是93号汽油,才通知司泵工停泵,造成51吨汽油混入242吨航空煤油中,混油293吨。

● **事故分析**

1. 在这起混油事故中,化验员填写化验单交给值班员,且化验单中不报油名,等于没有化验。
2. 值班员违章,不核对,不检查。
3. 计量员测量密度不进行对比,等于没有测量,根本就没有进行检查核对与化验。

案例二十二　化验工罐顶坠落

● **事故经过**

2001年7月24日20时40分，某公司炼油厂化验车间成品一班化验员按照班长安排去炼油厂油品车间315号油罐采样，该罐为5000立方米内浮顶罐，化验员沿走梯上315号罐，刚到罐顶走梯平台，因平台钢板严重腐蚀烂穿，一踩就塌，从16.9米高的罐顶平台上坠落，造成颅底骨折，耳鼻出血，右眩骨骨折，右肋骨骨折，经抢救无效死亡。

● **事故分析**

事故的直接原因是罐顶平台钢板严重腐蚀。走梯与罐体的连接平台钢板是点焊在支架上，由于钢板严重腐蚀，减薄严重，边沿基本锈蚀烂掉。而且罐顶照明灯不亮，天黑视线不清，当化验员踏上罐顶走梯平台踏板时，钢板三边破碎开裂脱落，只剩下一边连在罐顶平台上，化验员从脱落处坠落死亡。

案例二十三　电源开关火花引发火灾

● **事故经过**

2002年7月18日,某石油公司油库18时开始接卸从天津发来的3辆油槽车汽油,到22时30分左右产生"气阻",油泵压力表下降,出现空转。司泵工误认为油已卸完,即可断电。这时卸油工通知说油未卸完,叫司泵工启动油泵,在启动按钮的瞬间发生爆炸。气浪将司泵工冲出泵房外,在油库员工奋力抢救下,将大火扑灭。司泵工烧伤面积达80%,所幸泵房设备没有被烧毁。

● **事故分析**

油库泵房、油泵、阀门渗漏严重,室内存满油气,防爆按钮密封胶垫破损,起不到防爆作用造成油气窜入防爆按钮内,遇电火花引燃油气。

案例二十四　油泵接线盒密封不严电火花引发火灾

● **事故经过**

1989年10月30日,某油库接卸8辆铁路油槽车的汽油,分两批卸。第二批刚开始卸,油泵突然停转,通知电工维修,电工检查配电柜,发现配电柜保险丝烧断,安装上保险丝后,启动油泵仍然不转,拆开油泵防爆盒盖,发现有两相线烧断,重新接好后,合闸送电,随即到泵房启动防爆按钮,"轰"的一声,油泵防爆接线盒发生爆炸,电动机被烧毁,电工被烧伤,经奋力抢救火被扑灭。所幸没有造成大的损失。

● **事故分析**

电工在维修油泵防爆盒内的两相线时,没有紧固好接线螺栓发虚,防爆接线盒盖的螺栓也没有拧紧,密封不严,电火花遇油气发生火灾爆炸事故。

案例二十五　油泵空转发生火灾

● **事故经过**

1997年8月27日22时左右,某油库倒罐输转油品,把地上05号油罐内90号汽油20吨,倒入地下50立方米空罐内。开泵后,两名司泵工和两名计量员到泵房旁边值班室打麻将。只听"轰"的一声,随即泵房内形成大火,经夜间住库员工奋力抢救,大火被扑灭。泵房设备被烧毁。

● **事故分析**

开泵后,由于油泵漏油滴在轴承上,油泵倒完油后,无人停泵,空转,轴承温度升高点燃了油品,发生火灾事故。

案例二十六　运转中擦拭设备发生机械伤人

● 事故经过

1999年6月25日，某油库接卸90号汽油时，司泵工孙某看到油泵漏油，用棉纱去擦，由于泵与电动机联轴器高速地旋转，把手臂卷入联轴器被绞断，同班的司泵工立即停泵。送往医院，造成二级残废。

● 事故分析

这是一起因用棉纱擦拭油泵漏油，把手臂卷入联轴器被绞断引发的伤亡事故。

案例二十七　收油时脱岗睡觉发生冒油

● **事故经过**

1997年8月30日,某石油公司油库接卸20车90号汽油。油卸完后用滑片泵往5立方米零位罐收底油。起泵后,司泵工离开岗位到距泵房15米处的大树下看书,结果睡着了,造成零位罐呼吸阀处跑油。经回收计算,损失90号汽油500千克。

● **事故分析**

在8月29日收油后,没有把5立方米零位罐内余油倒入储油罐。8月30日继续往里收油,造成憋压从呼吸阀处跑油。

案例二十八　静电引燃油蒸气发生火灾

● **事故经过**

1976年8月，某油库泵房油泵检修作业后，地面油污太多，司泵工用化纤拖布和化纤棉纱沾上汽油拖地，"轰"的一声，烈火腾空而起，顿时形成大火，烧伤2人，泵房设备被烧毁。

● **事故分析**

这是一起用化纤拖布和化纤棉纱沾上汽油拖地，因摩擦产生静电积聚、放电引发的责任事故。

记 录 页

记 录 页

记 录 页

记录页

记 录 页